Inhalt

Karlo Konfetti Lara

So kannst du auch sagen:

addieren	–	zusammenzählen
subtrahieren	–	abziehen
multiplizieren	–	malnehmen
dividieren	–	teilen

- Im Heft findest du Regeln und Tipps, die dir beim Lösen der Aufgaben helfen.
- Aufgepasst:
  Die Aufgaben mit einer  sind etwas schwieriger.
- Lege die  auf die roten Lösungsfelder, dann werden die richtigen Ergebnisse sichtbar.
- Lege ein leeres Heft bereit, in dem du die Aufgaben rechnen und Zeichnungen machen kannst.

Halbschriftliches Rechnen

1 Detektiv Karlo und Hund Konfetti spielen ein Tierquiz.
Lies dir die Aufgabe durch. Rechne dann halbschriftlich.
Der Tipp hilft dir dabei.

Ein Elefant frisst pro Tag 348 kg Früchte und 245 kg Blätter. Wie viel kg frisst er insgesamt?

____

____

____

Er frisst __________ kg.

Tipp Du kannst halbschriftlich subtrahieren und addieren, indem du die Zahlen zerlegst.

Beispiel Addition:		*Beispiel Subtraktion:*
236 + 562 = ?		2 184 − 673 = ?
236 + 500 = 736	Hunderter	2 184 − 600 = 1 584
736 + 60 = 796	Zehner	1 584 − 70 = 1 514
796 + 2 = 798	Einer	1 514 − 3 = 1 511

2 Das Delfinweibchen wiegt 193 kg. Das Junge ist 168 kg leichter. Wie viel kg wiegt es?

____

____

____

Es wiegt __________ kg.

Tipp Halbschriftlich multiplizieren kannst du so:

Beispiel: 622 • 4 = ?

600 • 4 = 2 400 Erst mit den Hundertern multiplizieren,
20 • 4 = 80 dann mit den Zehnern,
2 • 4 = 8 dann mit den Einern.

Zum Schluss die Teilergebnisse addieren:
2 400 + 80 + 8 = 2 488

3 Ein Affenbaby bekommt 6-mal am Tag 365 ml Milch. Wie viel trinkt es insgesamt?

Tipp Zerlege beim halbschriftlichen Dividieren die Aufgabe in Teilaufgaben, die beim Teilen aufgehen.

Beispiel: 6 840 : 6 =

6 000 : 6 = 1 000
600 : 6 = 100 840 wird zerlegt in 600
240 : 6 = 40 und in 240.

Zum Schluss alle Teilergebnisse addieren:
1 000 + 100 + 40 = 1 140

4 9 Krokodile fressen zusammen 9 522 kg Fleisch. Wie viel kg Fleisch frisst ein Krokodil?

Schriftliche Addition

1 Moni geht in den Supermarkt. Vom Gemüse kauft sie 1 kg Tomaten und 1 kg Karotten. Vom Obst kauft sie je 1 kg Äpfel, Orangen und Bananen. Wie viel € muss Moni für Obst und Gemüse jeweils bezahlen?
Ergänze die Aufgaben und rechne. Die Regel hilft dir.

H Z E

  2, 3 0 €
+ ______ €

  ______ €

H Z E

  ______ €
+ ______ €
+ ______ €

  ______ €

Regel So addierst du schriftlich:

1. Schreibe die Zahlen stellenrichtig untereinander (Hunderter = H, Zehner = Z, Einer = E).
2. Setze das Pluszeichen.
3. Zeichne die Linie mit dem Lineal.
4. Addiere immer von rechts nach links und von unten nach oben.
5. Schreibe die Ergebniszahl an die richtige Stelle.

Beispiel:

	H	Z	E
	2	5	3
+	3	1	6
	5	6	9

2 Hilfst du Konfetti beim Rechnen?

HZE	HZE	HZE
2 0 7	8 0 3	4 5 5
+ 1 6 2	+ 1 8 4	+ 3 1 4

3 Karlo kauft 1 kg Bananen, 1 kg Äpfel und eine Melone. Wie viel € muss er bezahlen? Schreibe die Zahlen stellenrichtig untereinander ins Heft.

4 Rechne die Aufgaben in deinem Heft aus.

a) 671 + 215
b) 250 + 536

c) 123 + 456
d) 876 + 23

e) 401 + 313
f) 659 + 40

5 Kannst du die richtigen Zahlen ergänzen?

2 3 3	7 ☐ 2	2 4 2
+ ☐ 2 6	+ 2 5 6	+ 5 5 ☐
6 5 9	9 8 8	☐ 9 7

Schriftliche Addition mit Übertrag

1 Tim hat in der Schule die schriftliche Addition gelernt. Hilfst du ihm bei den Aufgaben an der Tafel? Schreibe die Überträge an die richtige Stelle, rechne aus und vervollständige die Sätze. Die Regel hilft dir.

a)
```
  683
+ 236
-----

```
Denn ______________ .

b)
```
  542
+ 419
-----

```
Denn ______________ .

Regel So addierst du schriftlich:

```
  H Z E
  5 6 8
+ 3 1 7
    1
-------
  8 8 5
```

Einer addieren, Übertrag (denn 7 + 8 = 15),
Zehner addieren,
Hunderter addieren.

2 Rechne die Aufgaben. Schreibe den Übertrag rot.

a)
```
  837
+ 123
-----

```

b)
```
  309
+ 379
-----

```

c)
```
  526
+ 315
-----

```

3 Rechne die Aufgaben in deinem Heft.

4 Hilfst du Lara, die Fehler auf dem Block zu finden? Streiche sie rot an.

5 Kannst du die Aufgaben auf dem Plakat der Schüler lösen? Schreibe die Ergebnisse auf.

Schriftliche Addition mit großen Zahlen

1 Detektiv Karlo hat sich eine Aufgabe mit großen Zahlen ausgedacht. Löse sie.

```
    119
+ 2 302
+   545
+   767
_______
```

Tipp Beachte die Regeln von Seite 4 und 6. Achtung: Die Übertragszahlen können größer als 1 sein.

Beispiel:

```
   7 988
+    856
+  1 349
+    207
   2 2 3
________
  10 400
```

2 Susi und Petra spielen ein neues Spiel.
Sie müssen dabei möglichst viele Punkte sammeln.
Wer ist die Siegerin? Rechne in deinem Heft aus.

3 Hilfst du Susi und Petra beim Rechnen?
Schreibe die Zahlen in den Seifenblasen richtig in die Stellenwerttabelle und addiere sie dann.

ZT	T	H	Z	E

4 Addiere die Zahlen in einer Stellenwerttafel.

56 783 + 124 000 + 3 490 + 128 + 6 424 + 62

5 Mit welchen Zahlen erhältst du die Ergebnisse 8 433 und 4 721? Notiere die Zahlen zuerst mit Bleistift.

____	____
+ ____	+ ____
8 433	4 721

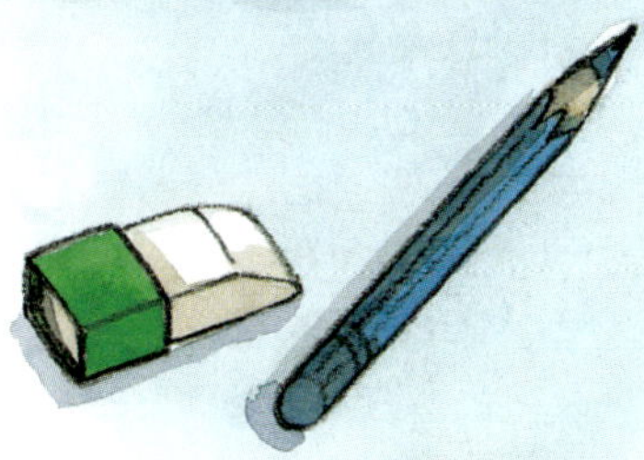

Schriftliche Subtraktion

1 Karlo überlegt, welchen Bären er kaufen soll.
Rechne aus, wie viel € der große Bär mehr kostet als der kleine. Der Tipp kann dir helfen.

8 7 €
– ___ €
___ €

Denn 6 + ______
ist gleich ______ .
Denn 4 + ______
ist gleich ______ .

Tipp Subtrahiere, wie du es aus der Schule kennst.
Hier siehst du eine Möglichkeit (Ergänzen):
Beginne immer mit den Einern.
Rechne die Aufgabe von unten nach oben.
Beispiel:

HZE	
7 8 5	Denn 1 + 4 ist gleich 5.
– 4 3 1	Denn 3 + 5 ist gleich 8.
3 5 4	Denn 4 + 3 ist gleich 7.

2 Rechne aus, wie viel € die Hundeleine mehr kostet als der Fressnapf.

___ €
– ___ €
___ €

Denn ______
ist gleich ______ .
Denn ______
ist gleich ______ .

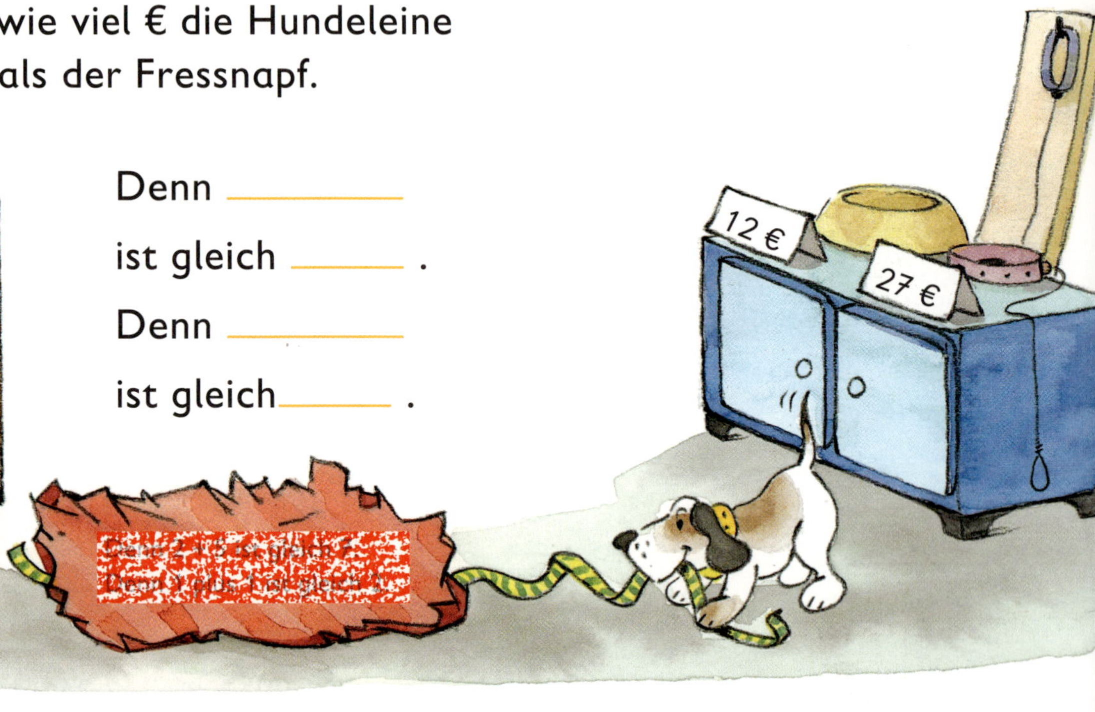

3 Detektiv Karlo muss insgesamt 58 € zahlen. Er hat 99 € in seinem Geldbeutel. Wie viel € hat er noch übrig, nachdem er bezahlt hat?

  ______
– ______
______

  ______

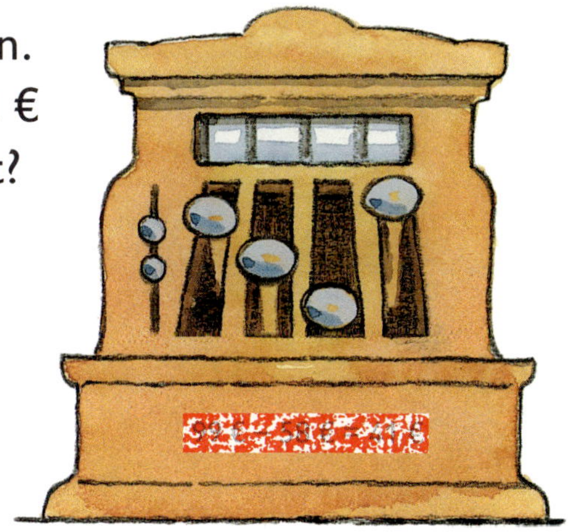

4 Rechne die Aufgaben in deinem Heft aus.

5 In jedem Luftballon sind 2 Zahlen. Bilde damit eine Aufgabe, rechne aus und trage das Ergebnis ein.
Tipp: Ziehe die kleine Zahl von der großen ab.

Schriftliche Subtraktion mit Übertrag

1 Wie viele Sekunden ist Jens beim 800-Meter-Lauf langsamer als Tom? Rechne aus.

Jens: 243 Sekunden
Tom: 199 Sekunden

Tipp So kannst du durch Ergänzen schriftlich mit Übertrag subtrahieren: Du musst mit Übertrag rechnen, wenn die Stelle der unteren Zahl größer als die Stelle der oberen Zahl ist.

Beispiel:

$$\begin{array}{r} 73 \\ -\ 28 \\ {\scriptstyle 1} \\ \hline 45 \end{array} \qquad \begin{array}{l} 8 + \boxed{5} = 13 \\ 1 + 2 + \boxed{4} = 7 \end{array}$$

2 Wer gewinnt beim zweiten Lauf? Mit wie vielen Sekunden Vorsprung? Rechne im Heft.

3 Jetzt laufen die Mädchen gegeneinander.
Wie viele Sekunden ist die Siegerin jeweils schneller?

a) Tina: 281 Sekunden
Gabi: 217 Sekunden

c) Bea: 261 Sekunden
Anja: 219 Sekunden

b) Anne: 300 Sekunden
Lea: 247 Sekunden

d) Eva: 265 Sekunden
Steffi: 282 Sekunden

4 Hier fehlen die Ergebnisse. Rechne die Aufgaben in deinem Heft und trage die Ergebnisse ein.

a) 69 142 – 43 702 = ______
b) 963 117 – 874 561 = ______
c) 9 634 – 4 123 = ______
d) 987 456 – 364 987 = ______
e) 468 299 – 238 164 = ______
f) 196 487 – 97 631 = ______
g) 798 421 – 627 893 = ______
h) 445 618 – 442 999 = ______
i) 213 527 – 209 645 = ______

5 Finde die Fehler und rechne in deinem Heft richtig.

a)
```
    6 893
  – 4 297
     1 1
  -------
    1 506
```

b)
```
    7 521
  – 3 970
     2 1
  -------
    2 561
```

Schriftliche Subtraktion mit mehreren Zahlen

1 Karlo kauft ein Heft und eine Schachtel Tintenpatronen. Er hat einen 5-€-Schein. Wie viel Geld bekommt er zurück?

5,00 €
– ______ €
– ______ €

______ € Rückgeld

Tipp Ziehst du 3 oder mehr Zahlen voneinander ab, so werden die kleineren Zahlen zuerst addiert und dann von der großen Zahl abgezogen.

Beispiel:

526	4 + 9 = 13 →	13 + 3 = 16
– 149	1 + 3 + 4 = 8 →	8 + 4 = 12
– 134	1 + 1 + 1 = 3 →	3 + 2 = 5
11		
243		

2 Benjamin kauft eine Hose und ein Hemd. Er bezahlt mit einem 100-€-Schein. Wie viel Geld bekommt er zurück?

100,00 €
– ________ €
– ________ €

________ €
Rückgeld

3 Wie viel Geld bleibt jeweils übrig? Rechne aus.

a) 10,00 € – 1,73 € – 1,26 € = ____________

b) 20,00 € – 1,73 € – 4,29 € – 3,12 € = ____________

4 Schreibe die Zahlen auf den Kinositzen der Größe nach geordnet auf und rechne.

5 Rechne die Kettenaufgaben in deinem Heft. Schreibe die Zahlen richtig untereinander.

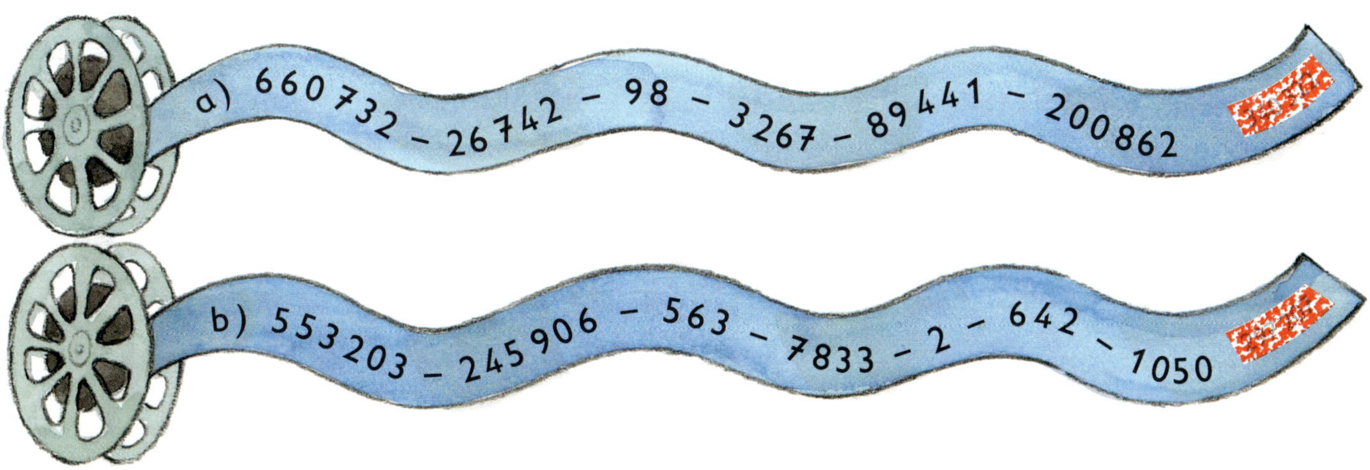

Schriftliche Multiplikation

1 Sandra und ihre Freundinnen springen Seil.
Rechne aus: Wer hat die meisten Sprünge geschafft?
Die Regel hilft dir.

Name:	Sandra	Beate	Susi
Sprünge:	4-mal 12	3-mal 23	2-mal 34

Sandra: 12 • 4 ____

Beate: 23 • 3 ____

Susi: 34 • 2 ____

Die Beste ist: ____________ .

[redacted]

Regel So multiplizierst du halbschriftlich:
1. Schreibe immer die größere Zahl zuerst auf.
2. Rechne immer von rechts nach links.
3. Die erste Ergebniszahl wird genau unter die Zahl mit der du malnimmst geschrieben.

Beispiel:

231 • 2
462

2 • 1 = 2 Schreibe 2.
2 • 3 = 6 Schreibe 6.
2 • 2 = 4 Schreibe 4.

2 Konfetti kann ein tolles Kunststück: Er springt durch einen großen Reifen. Beim Üben mit Karlo schafft er 11-mal 5 Sprünge nacheinander. Wie viele Sprünge sind das insgesamt?

____ • 5

____

3 Rechne die Aufgaben aus. *Tipp:* Wenn du mit 0 multiplizierst, ist das Ergebnis immer 0.

4 Welche Griffe passen zueinander? Fahre jeweils das Seil nach. Schreibe das Ergebnis in den Griff.

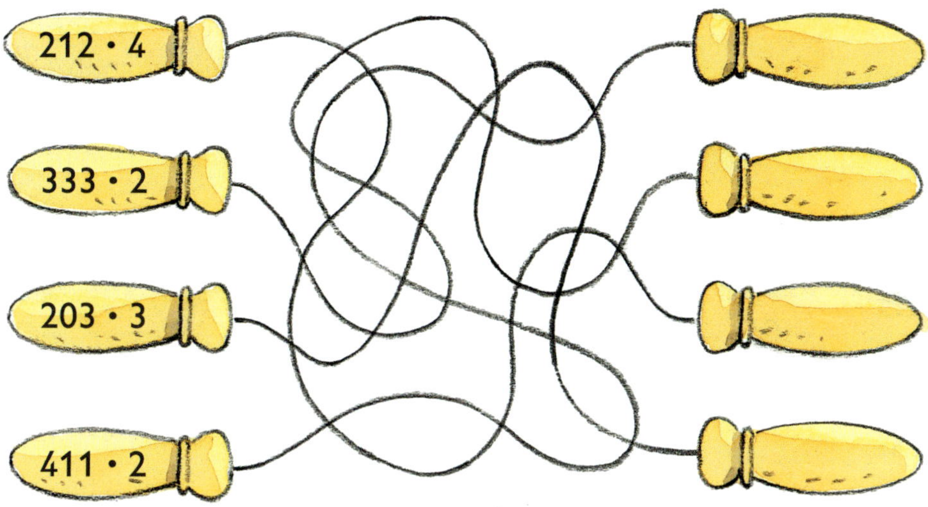

5 Bilde mit den Zahlen auf den Bällen 6 verschiedene Hunderterzahlen und multipliziere sie jeweils mit der Zahl 3.
Beispiel: 123 • 3 = ?
Rechne in deinem Heft.

Schriftliche Multiplikation mit Übertrag

1 a) Herr Schneider von der Autowerkstatt wechselt Reifen.
In diesem Monat hat er an 127 Autos Reifen gewechselt.
Wie viele Reifen waren es insgesamt? Rechne aus.
Die Regel unten hilft dir.

Antwort: ______________________________

b) Im nächsten Monat sind schon 35 Autos zum
Reifenwechsel angemeldet. Wie viele Reifen muss
Herr Schneider dann wechseln? Rechne im Heft.

Regel Bei Überträgen musst du Folgendes beachten:
1. Der Übertrag wird immer unter
die folgende Zahl geschrieben.
2. Der Übertrag wird nach dem Multiplizieren
mit der folgenden Zahl zum Ergebnis addiert.

Beispiel:

1327 · 4	4 · 7 = 28 → Schreibe 8, übertrage 2.
112	4 · 2 = 8 → 8 + 2 = 10 → Schreibe 0, übertrage
5308	4 · 3 = 12 → 12 + 1 = 13 → Schreibe 3, übertrage
	4 · 1 = 4 → 4 + 1 = 5 → Schreibe 5.

2 Rechne diese Aufgaben in deinem Heft.

Tipp So multiplizierst du mit einer Zehnerzahl: Rechne zuerst mit dem Zehner und hänge an das Ergebnis eine 0 an.

Beispiel: 346 · 70
3 4
24220

3 Rechne die Aufgaben. Der Tipp hilft dir.

a) 2 468 · 60 = ______

b) 94 637 · 90 = ______

c) 59 034 · 80 = ______

d) 76 319 · 20 = ______

e) 9 468 · 70 = ______

f) 46 321 · 40 = ______

4 Rechne die Aufgaben in deinem Heft.

Schriftliche Multiplikation ...

1 Herr Berger von der Post hat heute viele Briefmarken verkauft. Wie viel Geld hat er eingenommen? Rechne im Heft. Die Regel hilft dir.

128 · 55 Cent

Er hat heute ________ Cent eingenommen.

Regel So multiplizierst du schriftlich:
Die kleinere Zahl steht immer rechts. Wenn diese Zahl zweistellig ist, beginnst du mit den Zehnern (bei dreistelligen Zahlen mit den Hundertern).
Achte beim Aufschreiben besonders auf die Stellenwerte.

Beispiel:

1198 · 12	
1198	1. Multipliziere mit den Zehnern.
2396	2. Multipliziere mit den Einern.
14376	3. Addiere die beiden Ergebnisse.

2 Jede Dose Hundefutter wiegt 250 Gramm. Wie schwer ist das Paket mit 18 Dosen insgesamt? Rechne auf dem Zettel aus.

3 Löse die Aufgaben in deinem Heft. Der Tipp hilft dir.

a) 3 871 · 214

c) 371 · 503

b) 2 050 · 342

d) 1 721 · 250

Tipp Nimmst du mit 0 mal, dann ist auch das Ergebnis immer 0. Diese Ergebnisreihe brauchst du nicht aufzuschreiben.

Beispiel:

```
273 · 205
-----------
 546
  1365
-----------
 55965
```

4 Rechne die Aufgaben in deinem Heft.

a) 4 025 · 26
b) 1 020 · 701
c) 5 102 · 66

d) 8 691 · 70
e) 6 004 · 58
f) 4 060 · 25

5 Finde die fehlenden Zahlen und rechne aus.

```
5 7 2 1 · _ _
-------------
_ _ 2 1
  _ _ _ 6 3
-------------

```

```
2 _ _ · 3 5
-------------
_ 9 6
  _ _ _ _
-------------

```

Schriftliche Division ohne und mit Rest

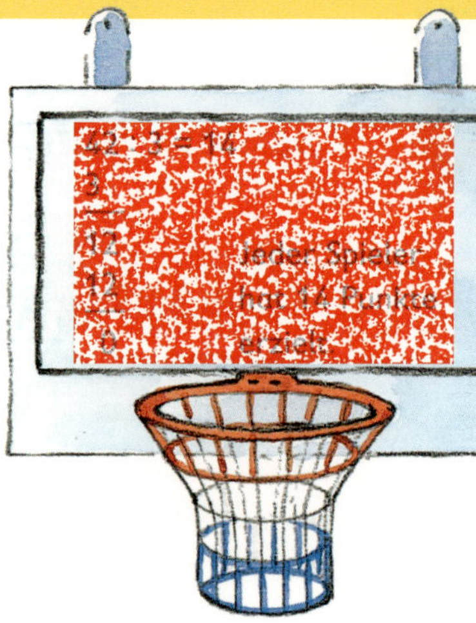

1 Beim Basketballspiel hat Team A 42 Punkte.
3 Spieler haben genau gleich viele Punkte erzielt.
Weißt du, wie viele Punkte jeder Einzelne erzielt hat? Die Regel hilft dir.

Jeder Spieler hat ______ Punkte erzielt.

Regel So dividierst du schriftlich: Beginne immer beim höchsten Stellenwert, hier bei den Hundertern.

```
HZE       ZE
165 : 5 = 33
15
--
 15
 15
 --
  0
```

1 : 5	nicht teilbar
16 : 5 = 3	3 hinschreiben
3 · 5 = 15	Kontrolle
16 – 15 = 1	1 hinschreiben
	5 herunterholen
15 : 5 = 3	3 hinschreiben
3 · 5 = 15	Kontrolle
15 – 15 = 0	0 hinschreiben

2 Schau auf die Ergebnistafel. Wie viele Punkte haben die Spieler der Teams jeweils erzielt? Rechne wie oben.

Team 1:	68 Punkte	4 Spieler
Team 2:	51 Punkte	3 Spieler
Team 3:	64 Punkte	4 Spieler

3 Rechne in deinem Heft.

4 Achte auf die Stellenwerte. Denke an die 0, wenn du eine Zahl nicht teilen kannst. Rechne in deinem Heft.

a) 2 118 : 3   d) 24 368 : 4

b) 3 525 : 5   e) 24 120 : 3

c) 1 218 : 6   f) 28 863 : 9

5 Diese Aufgaben gehen nicht auf. Schreibe den Rest hinter das Ergebnis. Rechne in deinem Heft.

1 Das Wohnzimmer muss neu tapeziert werden. Herr Lieser benötigt 35 cm lange Tapetenstücke. Wie viele Streifen kann er aus einer Rolle mit 525 cm schneiden? Rechne in deinem Heft.

Er erhält ______ Streifen.

Regel So dividierst du durch eine mehrstellige Zahl:

1. Schätze, wie oft die Zahl in die andere hineinpasst.
   Runde, z. B.: 91 : 28 ≈ 90 : 30 ≈ 3
   Tipp: Bei den Ziffern 0, 1, 2, 3 und 4 rundet man ab, bei den Ziffern 5, 6, 7, 8 und 9 auf.
2. Rechne dann genau nach: 3 · 28 = 84.
3. Errechne dann den Rest: 91 − 84 = 7.

Beispiel: 91 448 : 28 = 3 266

```
84              denn 3 · 28 =  84
 74
 56             denn 2 · 28 =  56
 184
 168            denn 6 · 28 = 168
  168
  168           denn 6 · 28 = 168
    0
```

2 Löse die Aufgaben auf der Tapete in deinem Heft.

3 Löse die Aufgaben und ordne den passenden Pinsel zu.
Male den Eimer dann in der richtigen Farbe an.

4 Rechne nach und schreibe das richtige Ergebnis auf.

5 Verbinde jede Aufgabe mit dem richtigen Ergebnis.
Die Buchstaben ergeben das Lösungswort.

7 254 : 45 = ________	572 Rest 17	→ R
84 321 : 46 = ________	1 833 Rest 3	→ E
48 543 : 57 = ________	161 Rest 9	→ KL
43 056 : 25 = ________	851 Rest 36	→ I
25 668 : 33 = ________	1 722 Rest 6	→ ST
22 325 : 39 = ________	777 Rest 27	→ E

Lösung: ☐☐☐☐☐☐☐☐

Umkehraufgaben/Gleichungen

1 Svenja und Anne kaufen im Schreibwarenladen ein. Svenja hat einen 10-€- und Anne einen 5-€-Schein. Beide haben schon etwas eingekauft. Wofür reicht ihr Geld noch? Die Regel und das Bild helfen dir.

a) Svenja: ________ € + 5,25 € = 10,00 €

UA: 10,00 € – 5,25 € = ________

Sie kann sich noch ________ kaufen.

b) Anne: ________ € + 4,47 € = 5,00 €

UA: ________

Sie kann sich noch ________ kaufen.

Regel Jede Aufgabe kannst du durch ihre Umkehraufgabe (UA) kontrollieren. Die Umkehraufgabe der Addition ist die Subtraktion und umgekehrt. Die Umkehraufgabe der Multiplikation ist die Division und umgekehrt.

Beispiel:

$4 + 5 = 9$ — UA: $9 - 5 = 4$

$4 \cdot 5 = 20$ — UA: $20 : 5 = 4$

2 Svenja hat 21,86 €. Sie hat schon viel eingekauft. Hat sie noch Geld für ein Eis, das 1,45 € kostet?

0,65 € + 4,75 € + 12,15 € + 2,33 € + ? € = 21,86 €

UA: ______________________

____

Antwort: ______________________

3 Bilde in deinem Heft die Umkehraufgabe.

```
  52147
+  6348
+   506
-------
```

[redacted]

4 Bilde die Umkehraufgabe in deinem Heft und rechne.

a) __________ : 89 = 9 999

b) __________ · 469 = 303 443

[redacted]

5 Wie viel kann Lara von dem Geld jeweils kaufen?

a) ________ · 13 € = 299 € UA: ______________

Sie kann __________ Mappen kaufen.

[redacted]

b) ________ · 24 ct = 984 ct UA: ______________

Sie kann __________ Stifte kaufen.

[redacted]

Textaufgaben

1 Markus hebt in diesem Monat 2-mal Geld von seinem Sparbuch ab: zuerst **146,30 €** und danach **90,20 €**. Auf seinem Sparbuch waren vorher **345,31 €**.

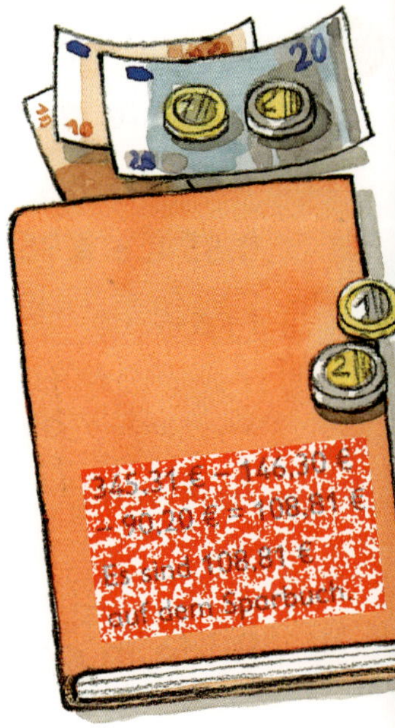

Frage: *Wie viel € sind jetzt auf seinem Sparbuch?*

Zeichnung:

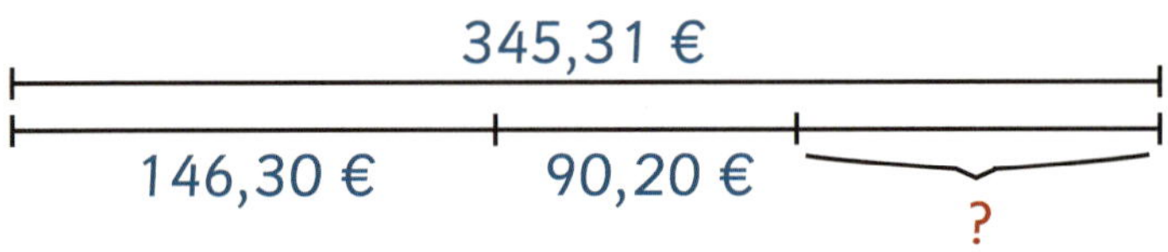

Rechnung: ____________________

Antwort: ____________________

Tipp So kannst du Textaufgaben leichter lösen:

1. Lies dir die Aufgabe genau durch.
2. Was du schon weißt, unterstreichst du blau.
3. Was du wissen willst, unterstreichst du rot.
4. Vielleicht hilft dir eine Zeichnung.
5. Überlege dir einen Rechenweg.

2 Jan bastelt für den Geburtstag seiner Mutter einen Bilderrahmen. Er benötigt dafür 2 Leisten mit je 0,36 m und 2 Leisten mit je 0,42 m. Er hat eine Holzleiste von 1,60 m zur Verfügung. Male eine Skizze auf ein Blatt.

Frage: Wie viel cm Leiste benötigt er?
Wie viele cm bleiben übrig?

Rechnung: ____________________

____

Antwort: ____________________

____

3 Frau Taler kauft ein neues Auto für 12 800 €.
Sie gibt den alten Wagen für 3 560 € in Zahlung.
Den Rest bezahlt sie in 12 gleichen Monatsraten.

Frage: Wie hoch ist eine Rate?

Rechnung: ______________________________

____

____

Antwort: ______________________________

4 Ein Lkw ist mit 39 Kisten zu je 128 kg und 92 Kisten zu je 84 kg beladen. Der Lkw selbst wiegt 2 512 kg.

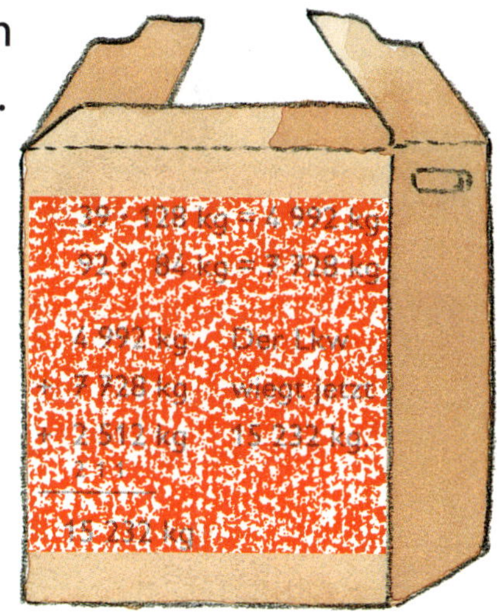

Frage: Wie viel kg wiegt der Lkw jetzt?

Rechnung: ______________________________

____

____

Antwort: ______________________________

5 Karlo hat im Sonderangebot 45 Dosen Hundefutter für Konfetti gekauft. Im Angebot kostet eine Dose Hundefutter 49 ct. Normalerweise kostet sie 55 ct.

Frage: Wie viel ct hat Karlo beim Einkauf gespart?

Rechnung: ______________________________

____

Antwort: ______________________________

Wiederholung

1 Rechne im Heft. Trage nur die Ergebnisse in die gelben Felder ein.

Tipp Wenn du nicht weiter weißt, schau noch einmal vorne im Heft nach.

2 Sarah kauft 5 Buntstifte für je 1,15 €, 1 Füller für 5,63 €, 2 Bleistifte für je 0,64 €, 1 Radiergummi für 3,05 € und 1 kleines Lineal für 2,80 €. Sie bezahlt mit einem 20-€-Schein.

a) Frage: Wie viel € kostet alles zusammen?

Rechnung: ______________________________

____

Antwort: ______________________________

b) Frage: Wie viel Wechselgeld bekommt sie?

Rechnung: ______________________________

____

Antwort: ______________________________

3 Zu jedem Ergebnis passen mehrere Aufgaben. Verbinde.

4 Rechne die Aufgaben im Heft.

1 001 : 13

10 010 : 130

5 005 : 65

2 002 : 26

6 006 : 78

8 008 : 104

5 Willst du wissen, was Konfetti besonders gern isst?
Rechne aus. Die Ergebnisse ergeben das Lösungswort.

a)	3 572	– 1 256	+ 790	– 2 004	+ 2 287		
b)	90 345	+ 2 164	+ 520	– 23 909	– 21 456		
c)	67 241	– 65 201	+ 20 946	+ 85	+ 3 142	– 9 835	

17 478 → A
16 378 → S
47 665 → U
126 193 → M
47 664 → I
3 389 → E

Konfetti isst gerne

☐☐☐ .

Knack den Code

Auf jeder Doppelseite findest du eine kleine braune Lupe. Darin steht jeweils eine Zahl.

- Schreibe die Zahlen nacheinander auf die Linien.
- Ersetze sie dann durch die Buchstaben, die auf dem Zettel versteckt sind: zum Beispiel 8 durch den Buchstaben A.
- Trage jeweils den passenden Buchstaben unter der Zahl ein. Wie heißt der Lösungssatz?

CODE

5 =	9 =
3 =	8 =
23 =	4 =
7 =	2 =
1 =	15 =
6 =	20 =

___ 15 ___ ___ 4 ___ ,

___ ___ ___ ___ 5 ___ ___ ___ 7 5 ___ ___ ___ ___ !

Hast du den Lösungssatz ermittelt? Dann kannst du online spielend weiterlernen auf scoyo.de. Notiere hier der Reihe nach die Buchstaben aus den grün markierten Feldern im Lösungssatz.

Besuche im Internet die Seite www.scoyo.de/ravensburger und gib dort die Buchstabenkombination aus dem Heft ein. Über 4000 Lerngeschichten und mehr als 10 000 Übungen und Tests warten auf dich.

Viel Spaß beim Lernen mit scoyo wünschen dir deine Lern-Detektive

* Keine Vertragsbindung, keine Verlängerung – Kinder können scoyo 14 Tage lang völlig unverbindlich und kostenfrei testen. Die Testphase endet automatisch und ist mit keinerlei